臭味的科学真相

[加] 爱德华·凯　著
[加] 迈克·希尔　绘
凌朝阳　译

天地出版社 | TIANDI PRESS

闻一闻这本书！

你手中的这本书是一本名副其实的臭味指南，一本有关臭味的说明书，一本恶臭纲要。无论是臭袜子还是臭气熏天的臭鼬，它们臭味的秘密，这本《臭味的科学真相》中都有揭示。为了让这本书只能闻到纸和墨的气味，我们在创作过程中花费了大量的精力。当然，如果其他人在你之前就读过它的话，这本书上也可能会有那种被称为“脏兮兮的小手指”的味道。

现在，请你深吸一口气，然后**准备成为一个研究臭味的学者吧！**

目 录

为什么有些东西很臭？你如何知道它们是臭的？

如果你曾在炎炎夏日闻过垃圾腐烂那令人厌恶的气味，你可能会想：为什么我不得不闻到这些难闻的气味？假如我能不闻到这些臭烘烘的气味，生活不是更美好吗？

如果嗅觉不能检测到臭东西，我们的生活可能会变得更美好一些（闻起来更甜美），但生活的长度也许会变得更短——可能在很久以前，我们已经灭绝了。人类和其他生物进化出的嗅觉，能帮忙分辨出哪些东西对自己有好处，哪些东西对自己有危险。

你可能已经注意到了，在你患重感冒鼻子堵塞、嗅觉失灵时，你食用的食物味道也没那么好了。这是因为我们所认为的某种特定食物的“味道”实际上是通过“尝起来”和“闻起来”两种方式得到的，我们的感官会同时检测到这两种味道。一旦嗅觉失灵，感知到的“味道”也就变少了。

一些严重的疾病会导致人永久失去嗅觉，这种情况被称为“嗅觉缺失症”。失去嗅觉会让人抑郁，而且会让人无法辨认出有害的气味。

我们为何本能地讨厌某种味道

对大多数人而言，当我们闻到一股很重的烟味时，如建筑物燃烧时散发出的气味，我们不仅会感到气味非常非常难闻，而且还会产生紧张的情绪。

这看起来似乎很奇怪：仅仅是某种气味，就让你产生了这种情绪。但这是有原因的：当你闻到烟味时，直觉会告诉你要进入高度警戒状态。你的嗅觉感受器检测到这种气味，会向大脑发送一个你可能遭遇危险的信号。即使你以前从未闻过建筑物着火的气味，直觉也会告诉你，这种气味来自危险的事物，需要尽快离开！

上面所说的直觉是我们战斗、逃跑或冻结反应的一部分。我们的祖先也有同样的反应：如果看到一只老虎潜伏在森林中，他们会本能地害怕，即使以前从未见过老虎。不需要思考，他们的肾上腺素就开始激增，本能地知道要逃跑、战斗或躲藏。

呕！真臭

出于同样的本能，大脑会告诉我们，一些危险的东西也很难闻。

腐肉（指死亡动物腐烂的肉）闻起来很恶心。然而，如果你闻了一条腐烂的鱼，所吸入的臭气根本不是来自腐烂的鱼，而是来自生活在死鱼体内的微生物。

警告！微生物在这里生存

腐肉发出的恶臭，是由寄生在腐肉上，被称作“细菌”或是“真菌”的微生物引起的。微生物非常小，人类无法用肉眼看到它们，只有通过显微镜才能观察到它们。微生物产生的这些恶臭，要么来自它们分解的腐烂物质中释放出的化学物质，要么来自制造它们的那些恶臭化学物质。

尽管你的眼睛看不到微生物，但你的鼻子能闻到它们的气味。

拿腐烂的鱼来说，鱼身上的微生物会将氧化三甲胺（鱼类用来抵消盐水的影响，使它们不致死于脱水的物质）变成三甲胺，三甲胺会发出一种特有的腥臭味。不过这是好事，因为当微生物在鱼、肉或其他食物内安家时，它们会产生毒素，让吃的人食物中毒，而臭味正好可以提醒我们避开它们。

如果你吃了腐肉……

腐肉的气味是如此难闻，你可能会因为不想靠近它，而借用棍子去戳它。但有些动物，例如秃鹫（jiù），已经进化到吃腐肉也不会生病的程度。

吃腐肉维生的动物被称为“食腐动物”。对秃鹫而言，它看见太阳下高速公路上被车撞死、腐烂的臭鼬，就像你看见巧克力蛋糕和薯条一样。

然而，人体不能消化腐肉。如果你吃了腐肉，会病得非常非常严重，甚至会丢掉性命！

然后，等你死了，也会变得非常臭……甚至可能成为秃鹫的美食！因此，如果你吃了腐肉并要死了……别说我没警告过你。

我在前面警告过你了

你不会因误食腐肉而死的，对吗？首先，我在前面已经警告过你了。

其次，如果你闻到腐肉的气味，你鼻子里的嗅觉感受器会向大脑发出信号，告诉你吃这块肉是一个非常糟糕的主意！

历史上可能有一些人，他们的大脑认为腐肉的气味很好闻，或者他们根本闻不到腐肉味儿。但这些人可能在生下后代并把相关基因遗传给后代之前，就因吃腐肉而死了。这就是为什么人类进化到现在，许多对我们有害的东西，闻起来气味都很糟糕！

闻不出来的罪犯

一个重要的注意事项：并非所有能使你生病或死亡的细菌都会产生强烈的气味。拿沙门氏菌来说吧，这是一类在鸟类和哺乳动物的肠道中发现的细菌。每年有成千上万的人因沙门氏菌而患病，有些人甚至因此死亡。

我们人类还没有进化出闻到它的本能。因此，你不能通过闻气味来判断肉是否被沙门氏菌污染，而是需要在实验室对肉进行化验——这可能就是沙门氏菌中毒是最常见的食物中毒类型之一的原因。

幸运的是，我们进化出了一个聪明的大脑，它帮助我们弄清了沙门氏菌污染食物的条件，我们也学会了如何避免这些状况。例如，应该确保鸡蛋和家禽煮熟了再食用；食物要妥善冷藏；接触过动物，特别是爬行动物如乌龟、蛇和蜥蜴后要洗手；尤其应该避免用舌头舔活的响尾蛇，否则你可能需要应对沙门氏菌外的新问题。

你是如何闻到气味的？

你的嗅觉是一个非常有效的检测工具。在你的身体里，用于嗅觉的基因比用于其他任何感官的基因都多。因此，你能够识别出1万亿种不同的气味——有的气味很好闻，有的则像你即将看到的那样可怕。

你之所以能够如此轻易地闻出牵牛花和大便的区别，是因为你的鼻子里面有大约600万个嗅觉感受器，每个嗅觉感受器上面，有上千条纤毛。

当然了，无法确认这个数是谁数出来的。因为即使你用放大镜去看自己的鼻子或别人的鼻子，也无法看到它们。它们实在太小了，我们只有通过电子显微镜，在放大数千倍时，才能看到它们的身影。

鼻子王国

600万真的很多！如果生活在丹麦的每个人都是一个嗅觉感受器，那么你的鼻子里就住着差不多整个丹麦的人口。这样的话，你得有一个非常大的鼻子来装下才行。

而且，如果这600万人都是嗅觉感受器的话，他们会觉得周围的人都非常恶心，因此，你的嗅觉感受器上满是黏糊糊的黏液，这是鼻涕的另一个作用。

嗅觉感受器的工作方式

那么，嗅觉感受器是如何探测到臭味，并告诉我们这是种糟糕的气味呢？气味实际上是通过鼻孔和连接着喉咙顶部的鼻子通道，抵达我们的嗅觉感受器的。

让我举一个非常恶心的例子，来说明它的工作方式。

大便之所以难闻，是因为肠道细菌从未消化的食物里获取营养时，会产生硫化氢等化学物质。这些化学物质混合在一起会产生浓烈的臭味。如果你曾进入过一个有人在大便后忘记冲马桶的卫生间，你就应该知道，里面的气味闻起来一点儿也不像常青树味的空气清新剂（除非那个人试图用松针擦屁股）。

粪便是由死亡的细菌、活的细菌、食物残渣、死亡的细胞和黏液等物质组成的。

粪便的微小颗粒

现在，恶心的部分来了——你之所以能闻到附近粪便的气味，是因为粪便的微小颗粒飘浮在空气中，钻进了你的鼻子！

分子是元素或化合物的最小实体单位。就元素而言，分子是由两种或更多相同类型的原子组成的；而在化合物中，分子由两种或更多不同类型的原子组成。好消息是，像“大便分子”这种东西并不存在。

不过，一些其他化学物质也会产生我们认为的大便气味。构成这种恶心气味的化学物质之一是硫醇（chún），主要是甲硫醇。

甲硫醇也存在于口臭和你将在本书中遇到的许多难闻的气味中。甲硫醇是由碳元素、氢元素和硫元素组成的，它看起来像下面这样。

甲硫醇

吲哚（yǐn duǒ）是在大便中发现的另一种化学物质。它的分子就像下面这样。

吲哚

此外，还有许多其他化学物质，当它们与上述化学物质结合在一起时，我们的大脑就会将其识别为大便的气味。

你是什么味道？

有件事非常神奇：这些化学物质实际上没有任何气味。是的，你没有看错，它们完全没有气味。

当你用鼻子吸气时，气味通过嗅球（嗅球是大脑中鼻后通路的一部分）直接连接到大脑中两个处理情绪和记忆的部分：杏仁核和海马体。

你吸入的化学物质会刺激嗅觉感受器在大脑中形成一个独特的表征。嗅上皮的嗅觉感受器识别这些化学物质的表征，向大脑发送这种信号，大脑为每种表征分配了一种气味，以便能够识别它们。这有点像我们为了更方便称呼某个人，给对方起了个名字。比如"你闻到了卫生间的臭味了吗？我觉得是齐吉又忘记冲马桶了。"

感谢你冲厕所

还有一件事可能会使你感到惊讶：女性嗅觉通常比男性更好，因为女性嗅球拥有的细胞比男性嗅球拥有的细胞多。因此，如果有人忘了冲厕所，由此产生的臭味，女性闻到可能会觉得更加恶心。

请别担心，无论你是男性还是女性，在卫生间里吸入的微量粪便都不会对身体造成伤害。不过，为了礼貌，你用完马桶后还是要记得冲水，毕竟没有人喜欢他们的嗅觉感受器告诉自己的大脑，他们刚刚吸入了别人的一些粪便。

难忘的瞬间：气味和记忆

一位名叫马塞尔·普鲁斯特的法国作家，因写嗅觉和不自主的记忆联系而闻名。普鲁斯特写过一本名为《追忆逝水年华》的小说。在书中，主人公闻过一种叫作玛德琳的小海绵蛋糕，它的气味比书中描述的大多数气味都要好闻。

普鲁斯特书中的人物惊讶地发现，玛德琳蛋糕的香味使他突然想起了一堆快乐时光——尽管早在这位法国作家成为世界知名的“玛德琳嗅探大师”之前，人们就已经意识到了记忆和嗅觉之间有关系。

记忆的储存器

嗅觉与记忆的联结如此紧密，它甚至可以用来帮助我们记住那些可能会忘记的事情。

中国几百年来流传着一个习俗：讲故事时听众边听边传一罐香料闻味儿，这样听故事的人将来闻到同样的香味时，就会记起这个故事。与未冲的厕所不同，香料对大多数人来说很好闻，这也是我们把它们放在食物中的原因。

不太甜蜜的回忆

事实上，难闻的气味和好闻的气味一样能让你记住事情。假如给上面听故事的人闻一些恶心的气味——比如臭鸡蛋和粪便的气味，一旦他们不幸再次闻到这些气味，就会想起当时听到的这个故事，就像他们在闻香料时听到了这个故事一样。

因此，如果你在读这本书的时候闻到了一股非常难闻的气味，然后在很多年里都很幸运地没有再闻到它，但等你到了像你祖父母一样年纪的时候，大脑也许仍然“记得”这种气味。

这种可怕的气味会在你的大脑中留下极深刻的印象，以至于你如果多年后再闻到它，大概率会发生两件事：首先，你会立即想起曾经吸入过这种气味；其次，你可能会想起一些你早已忘却的人或事——你第一次闻到这种气味时还发生了什么，和谁在一起，他是否眼睛暴突，嘴里是否吐了一点东西出来！这种气味甚至可能会让你想起当时是冷还是暖，是晴天还是雨天，甚至你当时的心情是快乐的还是悲伤的……由此可见，我们的嗅觉与记忆有多么紧密的联系！

不祥的预感

虽然人们的其他感官——视觉、听觉、触觉和味觉也能触发不自主的记忆，但嗅觉是最独特的，它比其他感官与情绪联结得更紧密。事实上，气味可以通过触发美好或糟糕的记忆来改变人的情绪。如果你的记忆将某种气味与不愉快的事情联系起来，即使那种味道是好闻的气味，你也会感觉很糟糕。

想象一下，当你以最快的速度骑着自行车时，你闻到了普鲁斯特的书里描述的玛德琳蛋糕的香味。这种由香草、糖和柠檬烘烤成的美味小海绵蛋糕的甜美气味可能会分散你的注意力，让你控制不住自行车，冲出公路，掉进一个沼泽地。水蛭和其他怪东西开始追你，想要在你身上美餐一顿！

在这样的情形中，即使你活下来了，但当你再次闻到玛德琳蛋糕的香味时，你也可能会产生不愉快的情绪，如恐惧。非常不幸，尽管玛德琳蛋糕闻起来很香，你还是会永远把这种诱人的香味与你在沼泽地的遭遇联系起来。

臭烘烘的甜蜜回忆

可能听起来很奇怪，但其实道理是一样的。如果人们在做自己喜欢的事时第一次闻到的是我们通常认为很臭的气味，那么再次闻到时也能触发他们快乐的回忆和情绪。

味道满满的外太空

航天员们说外太空有一种独特的气味。但没人能真的把头伸到太空中去闻闻味儿。太空是一个真空环境，如果有人不穿太空服、不戴头盔就把头伸出宇宙飞船，他的头会爆炸！

我们之所以说太空有气味，是因为航天员们说，他们在太空行走时穿过的太空服上有一种由多环芳烃（tīng）的化学物质产生的气味。

这种化学物质在地球上也有，你可以在柴油或煤炭等燃料中闻到它们的气味，特别是当燃烧产生大量烟雾时，它们的气味会更浓；你也可以在香烟烟雾中闻到它们的气味；你还可以在被烤成焦炭的食物中闻到它们的气味。

这种气味大多数人都不喜欢，但航天员们不一样，他们热爱自己的工作，为了有机会进入太空已训练多年，而且只有少数发射升空进入轨道的航天员才能真正地在太空中行走。对航天员而言，最终得以飘浮在飞船外，凝视着周围的宇宙和地球的壮观景象，是一种激动人心的体验。因此，尽管航天员的太空服可能闻起来像校车尾气和焦汉堡的组合气味，他们还是将这种气味与梦想成真联系起来。这是一种臭味，但它帮助航天员们记住了与美妙体验相关的积极情绪。

巧克力味的屁

法国发明家克里斯蒂安·伯安什瓦尔发明了一种药丸，他声称这种药丸可以使人的屁闻起来像巧克力的气味。这样，放屁就不会把家里或教室里熏得很臭。

那么，如果每个人都开始放巧克力味的屁，这是意味着人在闻到屁的时候会有快乐的回忆，还是在闻到巧克力的时候突然有不好的回忆？这个问题也许只能交给时间来验证了。

你知道吗，你可以吃一粒药，从而让屁闻起来像巧克力的气味！

气味如何触发记忆与情绪

科学家们认为，我们大脑的构造使得气味能够触发记忆和情绪。

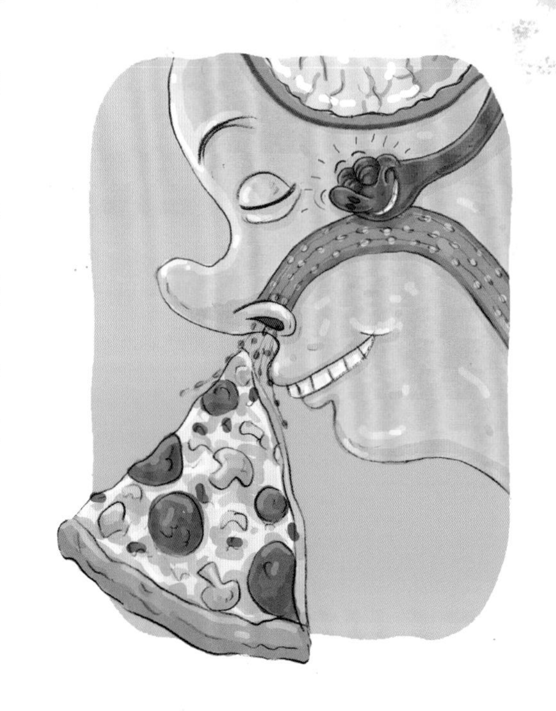

还记得嗅球，以及它是如何与处理情绪和记忆的脑部组织——杏仁核和海马体连接的吗？嗅球在大脑中的位置决定了嗅球收集的“气味”信息不需要“走”很远就能到达大脑中与情感和记忆有关的部位。相比之下，由视觉、听觉和触觉收集的信息，要通过更多的连接——也就是突触，才能到达杏仁核和海马体，因此需要“走”得更远。

所以，科学家们认为，人更容易记住气味——与气味有关的信号会更直接地到达大脑处理记忆的部位。

臭气熏天的动物和植物

动物散发臭味的原因有很多：有些动物用臭味来抵御捕食者；有些动物用臭味来标记自己的领地；还有些动物用臭味来吸引配偶。你别说，虽然原因五花八门，但大多数还挺管用的！

植物的话，有些会发出香甜的味儿来吸引昆虫，有些则用臭味来吸引昆虫。

呕，臭鼬

如果你惹恼了一只臭鼬，它会对你喷出一种非常难闻的气味。硫醇这种化学物质是臭鼬臭气中最臭的部分，硫醇也存在于大蒜和洋葱中。

鼬科动物里很多成员都会散发出很臭的气味。它们会用自己的粪便来标记领地。如果受到威胁，它们还会通过射出“肛门喷雾”（即从屁股射出的喷雾）来保护自己。

在臭鼬家族中，有一些鼬类的“肛门喷雾”比其他的更臭，在1千米外都能闻到！它闻起来就像烧焦的橡胶、大蒜、臭鸡蛋和肮脏的健身房储物柜的混合气味。

臭鼬的“肛门喷雾”会使被攻击者暂时失明，还会刺激其黏液腺（主要在鼻孔里），臭鼬则乘机逃跑。俗话说，“人多力量大”，但显然，臭气多力量也大。

小心射炮步甲

不过，与射炮步甲（俗称放屁甲虫）相比，臭鼬的喷雾无异于一股新鲜空气。当感到危险时，射炮步甲会释放出含有对苯（běn）二酚（fēn）和过氧化氢这两种物质的高温蒸气，它们混合在一起时的气味很难闻，可以有效击退攻击者，有时甚至会杀死攻击者。

不要惊吓绿林戴胜鸟

如果你遇到绿林戴胜鸟，注意不要惊吓它们，因为绿林戴胜鸟是世界上最臭的动物之一。

如果绿林戴胜鸟认为你是捕食者，它就会用屁股对着你，喷出一种混合着二甲硫醚（mí）的液体，这种混合物非常非常臭。补充一下，二甲硫醚也是臭鸡蛋臭味的来源之一。

小绿林戴胜鸟虽然不能像它们的父母那样制造臭气喷雾，但它们也有自己的锦囊妙计（嗯，实际上是屁股妙计）。如果受到惊吓，小绿林戴胜鸟会向入侵者喷射液体粪便。好吧，就将这看作是制造喷雾的开始吧！

懒到极致，臭到极致

和前面的动物不一样，树懒气味难闻是它们太懒造成的。树懒行动缓慢，几乎什么也不做——包括梳洗。因此，树懒身上满是藻类、真菌和昆虫。

一项研究发现，一只树懒的皮毛里约寄居着980只甲虫，它们有时与多达120只飞蛾共同生活。飞蛾吃树懒皮肤上的分泌物和藻类。

也许是为了完善私人动物园，树懒让螨虫把它们的家建在自己的屁股上！

树懒是一种非常臭的动物，甚至有3种不同类型的螨虫生活在它们的屁股上！

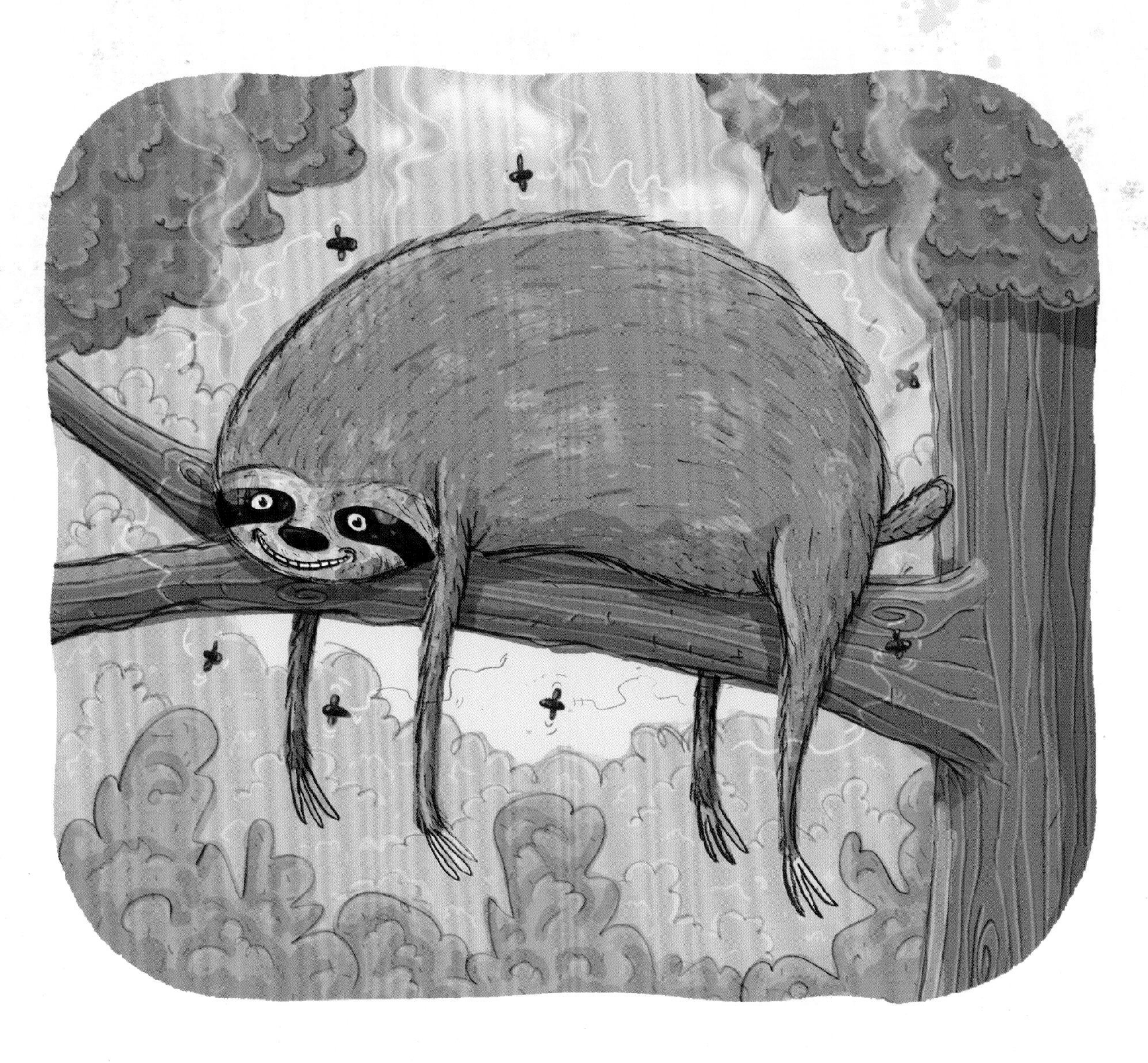

让人类着迷的臭味

可能这并不会让你吃惊：植物会通过发臭来吸引苍蝇。

不过，你可能会吃惊于一些很臭的植物同样会吸引人类！特别是一种名为榴梿（lián）的植物，有人觉得很臭，有人很喜欢它们的味道。

榴梿是一种产于亚洲的水果。它把120多种不同的化合物结合在一起，产生了一种独特的气味，美食家理查德·斯特林说这是种“松节油和洋葱，再配上运动袜”的味道。

为什么会有人想吃榴梿呢？一个答案是，它们尝起来与闻起来大不相同。一位欧洲探险家在第一次品尝榴梿时，形容它的味道“类似于蛋挞和杏仁”。

研究人员指出，人们的嗅觉和味觉在基因上存在差异。有些人闻不到其他人觉得很恶心的气味，所以他们可以享受榴梿的味道，且不会将这种味道和运动袜联系在一起。

独辟"臭"径的巨魔芋

拿世界上最大的花——巨魔芋（又称腐尸花）来说吧。它生活在印度尼西亚的丛林里，可以长到约3米高。

如果你猜测"腐尸花"这一名字的由来，是因为它的气味让人联想到一只毛茸茸、脏兮兮、屁股上可能住着螨虫的动物爬进花中死亡、腐烂并发出臭味，那我要恭喜你猜对了！

常见的大多数花，如玫瑰和茉莉花，闻起来都很香甜，可以取悦我们。但为什么巨魔芋会选择相反的策略，释放臭气呢？答案是：就像其他植物一样，巨魔芋也需要吸引昆虫把花粉带到其他巨魔芋上，来帮助它们授粉。

巨魔芋采取释放臭气的策略，是因为绝大多数花都是通过好闻的气味来吸引昆虫授粉。巨魔芋生活的丛林里有数百万种具有美妙气味的植物争相吸引昆虫。如果巨魔芋闻起来也很香甜，那么它就要与丛林中的数百万种植物竞争。

但是，如果巨魔芋采取不同的策略，如释放很难闻的气味，吸引那些更喜欢腐肉和粪便的昆虫前来，竞争压力就会小很多。苍蝇和甲虫就是被巨魔芋的气味吸引来的。这种恶心的气味会让它们以为是在闻腐肉——它们喜欢吃腐肉并在里面产卵。虽然这听起来真的很恶心！

臭味的构成要素

如果没有臭味的构成要素——化学物质，就不可能有臭味植物、臭味虫子或屁股上住着虫子的臭气熏天的臭味动物。

所有的臭味都是由我们本能上不喜欢的化学物质组合而成的，如硫醇，以及尸体腐烂产生的羧（suō）酸、芳香烃、硫黄、醇类化合物、硝基化合物、醛（quán）类化合物和酮（tóng）类化合物等。一些刺鼻的化学物质，如甲醛等，仅仅是吸人就很危险了，所以记得要远离它们！

组对发臭

世界上的一切物质都由原子和分子构成，包括臭东西。有时，两种看上去毫不相干的事物，因为包含同一种化学物质，也会产生相同的臭味，如臭脚丫子和奶酪。

林堡干酪是地球上最臭的奶酪之一，闻起来像臭脚丫子的味道。因为它含有亚麻短杆菌，正是这种微生物使脚发臭。

臭脚丫子和奶酪

虽然听起来很恶心，但臭脚丫子的气味和某些奶酪的气味确实很接近，因为它们含有相同的物质：产生臭脚气味的微生物也被用来促进臭名昭著的林堡干酪成熟。

你可能会好奇，可事实上没人知道为什么有人讨厌臭脚的气味，却不会排斥气味几乎相同并含有同种微生物的奶酪（当然，有些人既不喜欢臭脚丫子味，也不喜欢臭奶酪的味道）。

鲨鱼肉和尿不湿

奶酪不是唯一与你不想闻到的东西有共同构成要素的食物。冰岛发酵鲨鱼肉是冰岛的一道菜，由发酵的格陵兰鲨鱼肉制成。一些鲨鱼，如格陵兰鲨鱼在新鲜时是有毒的，但让肉腐烂可以去除毒素，变得可食用——尽管非常臭！

冰岛发酵鲨鱼肉的臭味是源于氨——这是一种由氢和氮组成的化合物，它的气味很不受人类欢迎。

氨除了在冰岛发酵鲨鱼肉中存在，也存在于许多清洁产品中，如玻璃清洁剂。如果你有一个正用尿不湿的小妹妹或小弟弟，你可能会在放尿不湿的地方闻到这种气味。

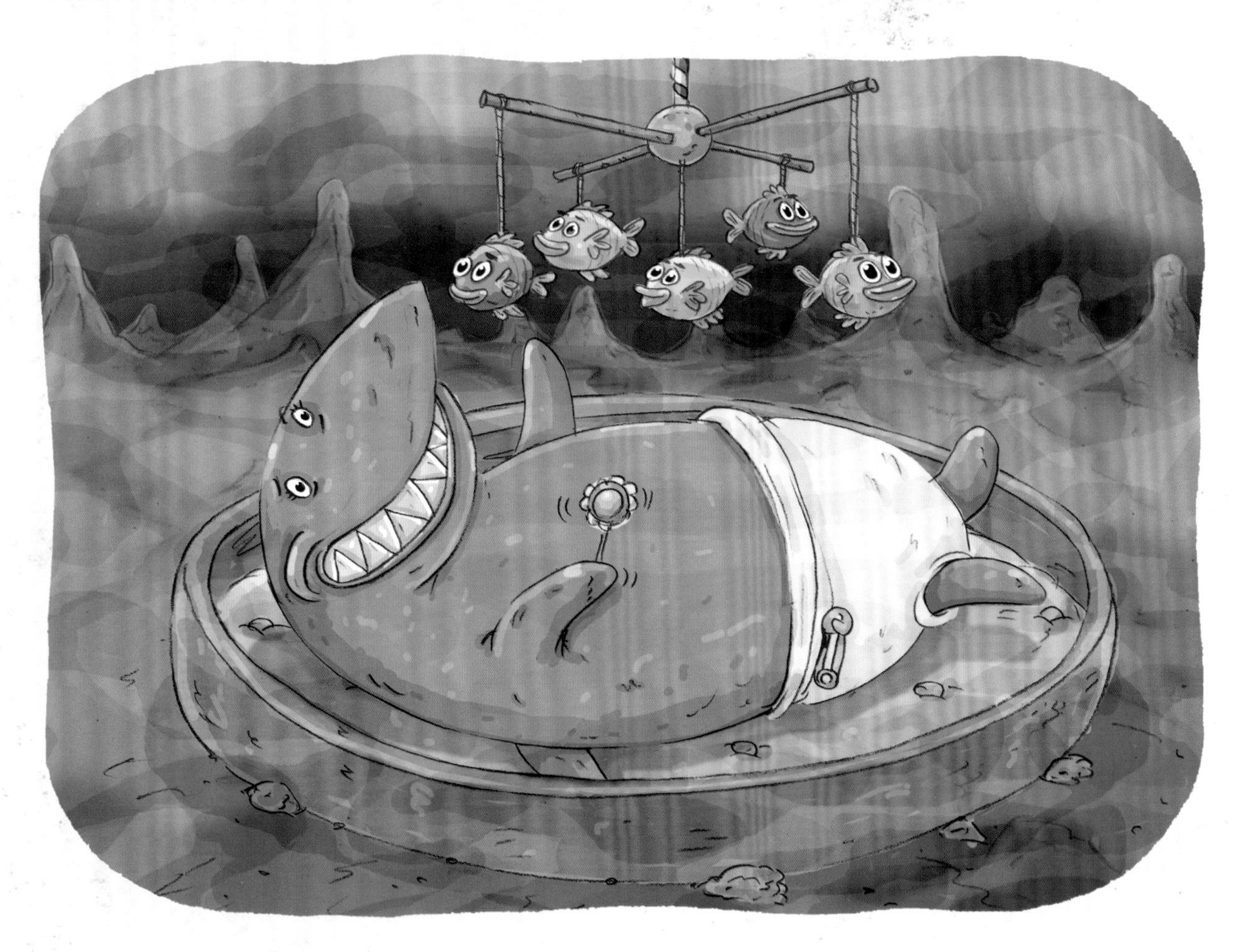

口臭和卷心菜

回到刚才的话题，口臭（从嘴巴中散发出来的臭味）和腐烂的结球甘蓝（俗称卷心菜）的气味也很相似。从化学的角度来说，两者都含甲硫醇，这种物质经常出现在东西发臭的地方。

但是，如果你的嘴巴里闻起来有腐烂的卷心菜的气味或口臭，应该很少会有人想要亲吻你。

沼泽和屁

其他因含有相似的化学成分而气味接近的难闻气体，还有屁和满是腐烂植物的沼泽，它们都含有一种叫作硫化氢的恶臭化学物质。如果你觉得闻到屁或满是腐烂植物（可能还有腐烂的尸体）的沼泽令人不快，那就告诉自己，你闻到的是臭鸡蛋味，因为它也含有硫化氢。

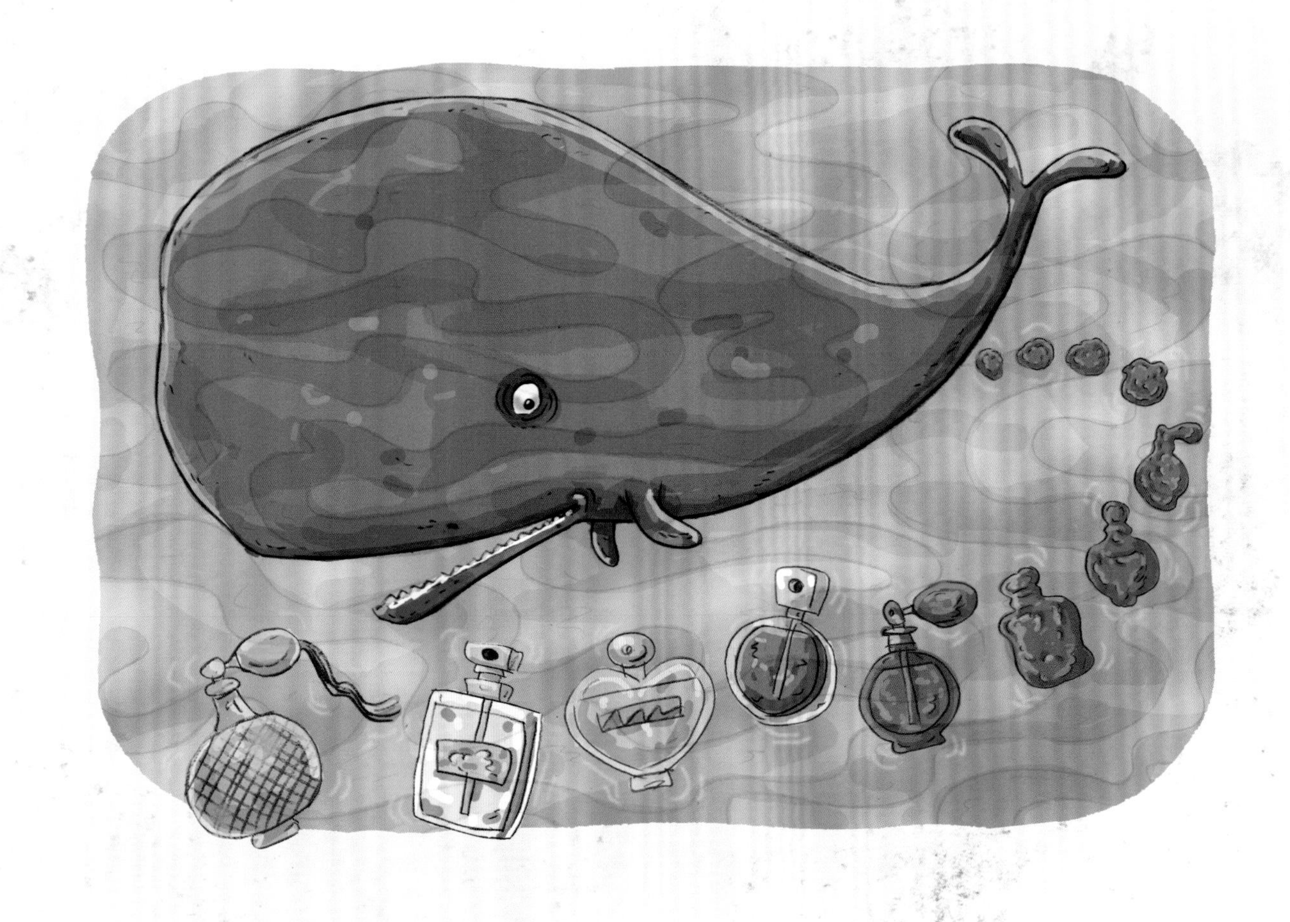

香水的“臭”成分

世界上一些昂贵的香水中含有一种叫作龙涎香的稀有物质。龙涎香之所以罕见，是因为它来自某种抹香鲸肠内的分泌物——这可能就是为什么有些人闻过龙涎香后，说它的气味像粪便。

那么，你为什么会喜欢龙涎香这种“粪便”的气味呢？这是因为龙涎香被分泌出来后，在海洋中漂浮了二三十年，经过漫长的化学反应，形成了一种独特的香气。龙涎香的化学成分包括龙涎香醇和粪甾（zāi）醇等。

某些香水的成分里有“果子狸油”，这种物质取自果子狸的肛门腺（xiàn）。果子狸是一种类似猫的小型哺乳动物。据说，它的肛门腺分泌物在正常状态下闻起来很臭，但经稀释和陈化后，会产生一种让人很愉悦的甜味。

亲爱的，我讨厌你的香水味

不是每个人都觉得香水好闻。事实上，有些人很讨厌香水味。现在许多工作场所、公共场所都要求“无香”，意思是要求你不要使用香水或须后水（指男性剃须后专用的乳液，因为剃须会使毛孔变粗大，还可能会刮伤皮肤，所以用它来滋润、护理皮肤）。不过，不将抹香鲸的排泄物或果子狸的肛腺分泌物喷在自己身上，可能也是个好主意。

那么，为什么有些人觉得某种气味很好闻，而有些人却觉得这种气味很难闻呢？除了前面说过气味会触发不同的情绪和记忆，研究人员还认为，有的人嗅觉更灵敏，他们能够察觉到其他人留意不到的难闻气味，或者他们闻到的气味更浓烈。另一种说法是，虽然大多数人在闻到某种气味的几分钟后，便不会注意到它们的存在，但有的人会一直注意到这种气味。一小时后，他们闻到的香水气味和第一时间飘到鼻孔里的气味一样强烈。

发明人造香味的一个原因是，历史上的大部分时间里，人类的气味可能比我们现在所说的臭烘烘的气味更难闻。

由于各种原因，某些人不能或不愿意经常洗澡，对任何想要靠近他们的人来说，这都是不幸的——尽管我们的汗液并不难闻，但喜欢吃汗液中某些化合物的微生物排出的物质绝对难闻，比如反式-3-甲基-2-己烯酸。在人类文明早期，从古埃及人到维多利亚时代的人都调制了各种香，利用这些人造香味来掩盖他们的臭味——如喷洒古龙水、在教堂和其他人群聚集的地方熏香等。

现在，我们普遍没有祖先那么臭了，就不再需要把人造香味喷洒在公共空间里。但这并不意味着公共空间里不再有气味。事实上，由于现代科技进步，餐馆、自动售货机等地方会利用爆米花、肉桂包、华夫饼、糖饼干、咖啡、巧克力甚至烤汉堡的香味来刺激你的食欲！

超级嗅探

哪种生物的嗅觉最灵敏？如果你濒临死亡，你很快就能知道这个问题的答案。

数以亿计的嗅觉感受器

还记得前面提到的那只秃鹫吗？秃鹫的鼻子里有数以亿计的嗅觉感受器（比你鼻子里的嗅觉感受器多很多很多倍），来帮助它们找到远处的美味腐肉。

超能狗鼻子

狗的鼻子里也有比人类多得多的嗅觉感受器。正因为如此，猎人们利用狗来搜寻猎物，警察也用狗来寻找丢失的儿童、嗅出炸弹和毒品等。

有的狗接受过专门训练，可以闻出尸体的气味，警方利用它们寻找事故和谋杀案的受害者；有些狗的鼻子非常灵敏，可以闻到埋在地下几米的尸体碎片；还有的寻尸犬有令人难以置信的能力——可以嗅出水底的尸体。

“狗改不了吃屎”

说到散发着恶臭的、腐烂的死尸，你可能会想，既然狗的嗅觉如此灵敏，为什么它们会吃这么臭的东西呢？答案是：对狗来说，那些东西闻起来根本不臭。在狗的世界里，腐肉散发出的气味闻起来好极了！像秃鹫一样，狗的消化系统早已适应了那些会让我们致病的死物。

如果“晚餐”能自己死掉

腐肉是许多野生动物的重要食物来源，如鹰、科莫多巨蜥和人类的好朋友及其表亲——狗和郊狼。对这些动物而言，如果它们的晚餐能自己死掉，免去它们捕猎和杀生的辛劳，那么这些动物很乐意接受这种结果。

不要跟鲨鱼游泳

记得不要跟鲨鱼游泳！鲨鱼可以探测到约3.2千米外水中的一滴血。因此，如果你的手指或脚趾上有伤口，你甚至还没有死，就能被鲨鱼迅速地探知到。因此，请不要与鲨鱼一起游泳。事实上，即使你的手指或脚趾上没有伤口，与鲨鱼一起游泳也不是个好主意。

鲨鱼的大脑有三分之二是用于嗅觉的。此外，鲨鱼还有非常好的听力！

数平方千米的嗅觉

信天翁是一种看起来像巨型海鸥的鸟。它可以利用灵敏的嗅觉，同时监测数千平方米的海域，还可以发现远在视线之外的鱼群。

“立体”嗅觉

北美洲东部的鼹（yǎn）鼠生活在黑暗的地下，几乎失明。因此，它们发展出了高超的立体嗅觉能力。就像我们可以用双耳效应来判断东西是在左边还是在右边一样，鼹鼠也能利用其立体嗅觉找到它们最喜欢的食物——蚯蚓。

聪明的嗅觉

当然，动物的嗅觉并不总是用来寻找食物，有时也用来避免自己成为食物。非洲象除了能在50米外找到微小的食物、闻到远处的水和配偶，还能通过气味区分两个非洲族群的人，如马赛人和坎巴人。非洲象很有必要进化出这项能力：年轻的马赛族战士会用长矛刺穿大象来证明他们的勇气；而坎巴族是一个农耕民族，对大象不构成威胁。

蛾子的伴侣

许多动物利用嗅觉来寻找伴侣。如雄性蚕蛾的嗅觉器官——触角，可以探测到约800米外的雌性蚕蛾。

细嗅蔷薇

现在，你已经了解了很多东西会发臭的原因。希望你能因此更欣赏鼻子的绝妙嗅觉，就像诗中写的那样：细嗅蔷薇。当然，你也能因此更准确地避开那些臭烘烘的植物尸体、粪便和榴梿。

图书在版编目（CIP）数据

臭味的科学真相 /（加）爱德华·凯著；（加）迈克·希尔绘；凌朝阳译. — 成都：天地出版社, 2024.1
ISBN 978-7-5455-8045-7

Ⅰ.①臭… Ⅱ.①爱… ②迈… ③凌… Ⅲ.①臭气—儿童读物
Ⅳ.①X512-49

中国版本图书馆CIP数据核字（2023）第240946号

CHOUWEI DE KEXUE ZHENXIANG
臭味的科学真相

出品人 陈小雨 杨 政
作 者 [加]爱德华·凯
绘 者 [加]迈克·希尔
翻 译 凌朝阳
监 制 陈 德
策划编辑 凌朝阳 付九菊
责任编辑 凌朝阳 付九菊
责任校对 杨金原
美术编辑 曾小璐
责任印制 刘 元
营销编辑 李 昂

出版发行 天地出版社
（成都市锦江区三色路238号 邮政编码：610023）
（北京市方庄芳群园3区3号 邮政编码：100078）
网 址 http://www.tiandiph.com
经 销 新华文轩出版传媒股份有限公司

印 刷 河北尚唐印刷包装有限公司
版 次 2024年1月第1版
印 次 2024年1月第1次印刷
开 本 889mm × 1194mm 1/16
印 张 3
字 数 40千
书 号 ISBN 978-7-5455-8045-7
定 价 45.00元

咨询电话：（028）86361282（总编室）
购书热线：（010）67693207（市场部）